美国心理学会情绪管理自助读物

成长中的心灵需要关怀 · 属于孩子的心理自助读物

好朋友也可以说"不"

学会拒绝他人，放下心理负担

You Can't Please Everyone！

[美] 埃伦·弗拉纳根·彭斯（Ellen Flanagan Burns） 著

[美] 特蕾西·西村·毕肖普（Tracy Nishimura Bishop） 绘

吴锦华 译

化学工业出版社

·北京·

You Can't Please Everyone! by Ellen Flanagan Burns, illustrated by Tracy Nishimura Bishop.

ISBN 978-1-4338-3924-5

Copyright © 2022 by Magination Press, an imprint of the American Psychological Association.

This translation was originally published in English under the title of **You Can't Please Everyone!** Text copyright © 2022 by Ellen Flanagan Burns. Illustrations copyright © 2022 by Tracy Nishimura Bishop. Published in 2022 by Magination Press, an imprint of the American Psychological Association. The Work has been translated and republished in the **Simplified Chinese** language by permission of the APA. This translation cannot be republished or reproduced by any third party in any form without express written permission of the APA. No part of this publication may be reproduced or distributed in any form or by any means, or stored in any database or retrieval system without prior permission of the APA.

本书中文简体字版由 American Psychological Association 授权化学工业出版社独家出版发行。

本书仅限在中国内地（大陆）销售，不得销往中国香港、澳门和台湾地区。未经许可，不得以任何方式复制或抄袭本书的任何部分，违者必究。

北京市版权局著作权合同登记号：01-2024-0930

图书在版编目（CIP）数据

好朋友也可以说"不"：学会拒绝他人，放下心理负担／（美）埃伦·弗拉纳根·彭斯（Ellen Flanagan Burns）著；（美）特蕾西·西村·毕肖普（Tracy Nishimura Bishop）绘；吴锦华译．—北京：化学工业出版社，2024.3（2025.7重印）

（美国心理学会情绪管理自助读物）

书名原文：You Can't Please Everyone!

ISBN 978-7-122-45021-0

I.①好… II.①埃… ②特… ③吴… III.①心理学－儿童读物 IV.①B84-49

中国国家版本馆CIP数据核字（2024）第018791号

责任编辑：郝付云 肖志明　　　　　　　装帧设计：大千妙象
责任校对：王 静

出版发行：化学工业出版社（北京市东城区青年湖南街13号 邮政编码100011）
印　　装：中煤（北京）印务有限公司
710mm×1000mm 1/16　印张5　字数30千字　2025年7月北京第1版第4次印刷

购书咨询：010-64518888　　　　　　售后服务：010-64518899
网　　址：http://www.cip.com.cn
凡购买本书，如有缺损质量问题，本社销售中心负责调换。

定　　价：39.80元　　　　　　　　　　　　　　　　版权所有　违者必究

献给凯琳，你是我的光芒！

——埃伦·弗拉纳根·彭斯

献给安德鲁。

——特蕾西·西村·毕肖普

致小读者

如果你像艾莉一样，你会把朋友看得很重要。与朋友和谐相处会让你感觉很好。当朋友情绪低落时，我们倾听他们的心声或陪伴他们。换作我们情绪低落时，他们也会这样做。

但有时候，让朋友开心，或者与朋友和谐共处，又或者顺从别人会让我们自己觉得不快乐。我们可能会想："如果我说了'不'，那会伤害他的感情吗？如果我不同意，他还愿意跟我做朋友吗？也许我应该再次让步，这样他就不会失望了。"

艾莉也有这样的顾虑。她害怕如果让朋友感到失望的话，他们就不再喜欢她了。她拼命想让别人喜欢她，却忘了照顾好自己的需求。久而久之，这让她焦虑不安，伤心难过。

你并不需要：
讨好别人

当艾莉试图讨好别人时，她一开始感觉很好，因为她看到别人变得开心了，但这种感觉不会持续很长时间。她总是担心别人的看法，这让她感觉很累！艾莉更希望能遵从自己的内心，朋友也会因此而为她高兴。

被喜欢

实际上，别人对你的看法并不是你真正需要关心的事情。你需要关心自己的感觉。所以，做最好的自己。做自己，学会拒绝，敢于对别人说"不"，这些是完全没有问题的。

包揽所有的事情

艾莉发现她无法包揽所有的事情，她的好朋友也不会指望她这么做。当她做自己认为正确的事情，而不去做她猜测别人希望她做的事情时，她觉得更幸福，更自信。

你需要：
友善

艾莉发现，在她的能力范围内，友善待人和乐于助人让她感觉很好。这与尝试讨好他人不同。她学着去做正确的事情，而不是做那些让别人喜欢她的事情。当我们做正确的事情时，它会持续给我们带来良好的感觉。

做你自己

你是世界上独一无二的。 也许这有些让人难以置信！无论你是天真的、可爱的、安静的、聪明的，还是害羞的、有趣的、健谈的、外向的，抑或是在不同情境下展现不同的性格特征，做你自己就好！ 当艾莉发现做自己就足够时，她的心情也放松了。 她学会了如何用友好和真诚的方式为自己发声。

明智地选择朋友

那些希望你让他们快乐的人比希望你做自己的人更难相处。 当事情不顺利时，前者可能会责怪你。这样的朋友会诱发你讨好他人的一面。寻找那些能够让你振作而不是沉沦的朋友，寻找那些喜欢你原本样子的朋友。

欢迎来读艾莉的故事！

你的朋友 埃伦

目录

第一章　陷入困境 1

第二章　心情沉重 9

第三章　夹克的故事 21

第四章　空杯子 29

第五章　不需要为别人挑选冰激凌 37

第六章　完全可以说"不" 43

第七章　不必内疚 53

第八章　做正确的事，而不是讨好
　　　　别人的事 59

第九章　一生的朋友 65

第一章

陷入困境

艾莉跳上校车，擦了擦脸上的雨水。她小心翼翼地收好伞，想找个座位坐下。罗西独自一人坐在那儿，看着窗外。她刚搬来这个小区，是艾莉班上的新同学。

"罗西，早上好！"

"艾莉，早上好！ 如果你愿意的话，你可以坐在我边上。"

"谢谢。"艾莉坐到了罗西旁边。这时，她

的雨伞突然自动打开了，雨伞上的水滴溅到了同学们的身上。大家都笑了。

艾莉急忙说："对不起！"

"没关系。"大家又笑了。

下个月学校要举行绳球比赛，艾莉很兴奋，她想知道罗西是否也玩绳球。

艾莉问："你在之前的学校玩过绳球吗？"

罗西说："我在学校里没玩过，因为之前的学校没有这个运动项目，但我在别的地方玩过！很好玩！"

突然，坐在校车后面的萨姆打断了她们的聊天。

"艾莉，快过来，我给你留了一个座位，来和我一起坐吧！"艾莉转过身，看到萨姆在向她招手。艾莉和萨姆是老朋友了。不过萨姆早上一般不会搭校车，今天算是例外。

艾莉见到萨姆很高兴，但她并不想换座位。

她才刚刚坐好，况且她还想跟罗西多聊会儿天。她微笑着朝萨姆挥手，希望这样萨姆不会生气。

校车司机关上了车门。

艾莉转向罗西说："课间休息时，同学们会一起玩绳球。如果一会儿雨停了，你愿意和我搭档玩绳球吗？"

"我当然愿意了！我想，我们会一起玩得很开心。"

"我们每年都会参加绳球联赛，下个月就有一场。"艾莉接着说，"我已经等不及想参加比赛了。"

到了下一站，萨姆再次喊道："艾莉，快过来！"当艾莉转过身时，萨姆再次示意她赶紧过来。萨姆神色有些严肃地说："我有事情跟你说。"

艾莉想："萨姆会一直叫我的。"萨姆是艾

莉的好朋友，但艾莉不得不承认，萨姆有时有点霸道，就像现在一样，萨姆一味要求别人服从她的安排。艾莉决定坐到萨姆身边，以免萨姆生气。

"抱歉，罗西，我得和萨姆一起坐。"

"没关系，"罗西说，"一会儿见。"

艾莉想，以后还能和罗西坐一起的。

在校车开动前，艾莉坐到了萨姆旁边。

"萨姆，你要跟我说什么事情？"艾莉问萨姆。艾莉坐过来，萨姆很高兴。艾莉心情也好起来，可是当她看到罗西孤零零地坐着时，她觉得自己抛弃了罗西，感到有点难过和失望。

"我想问问你，这周六你能和我一起去游泳吗？"萨姆周一的时候曾经问过艾莉，现在已经是周四了，艾莉还没有回复她。

艾莉已经和妈妈制订好周六的计划了，但她担心这会让萨姆失望。她很在意萨姆的想法。因此，为了争取一些时间，她周一的时候没有直接拒绝萨姆，而是说："我晚些时候再告诉你。"

现在她感觉自己陷入了困境，和艾里斯老师让她回答数学难题时的感觉一样。她不确定该说什么。

"唔……周六我和妈妈已经有安排了。我们打算用我的新工具画画，然后去博物馆……"艾莉停了下来，希望萨姆能明白她的暗示。她很紧张，手都出汗了。她打心底里希望萨姆能领悟她的意思。

"这样啊！"萨姆说，她看上去很失望，这正是艾莉害怕见到的。不过，萨姆还有些困惑，她继续问道："那么，你周六能和我一起游泳，还是不能呢？"

艾莉最想说"不"，但她说不出口。她犹豫了一会儿，然后耸了耸肩。

"拜托和我一起游泳吧!"萨姆继续说,"你和我一起游泳会比和妈妈一起画画有趣得多!"

艾莉不同意萨姆的话,但觉得为此而让萨姆失望或引发争吵就太不值得了。她知道游泳也会很有趣。于是,她只好说一句"好的"。

萨姆高兴地说:"谢谢你,艾莉,你真好!"

艾莉也松了一口气,因为她想让萨姆开心。她想这比拒绝萨姆要容易得多。实际上她已经开始期待周六了。但当她想到要取消跟妈妈的计划时,那熟悉的难过和失望的感觉又回来了。去学校的路上,她静静地坐着。她再次告诉自己,以后还能和妈妈一起玩的。

第二章

心情沉重

课间休息时，雨停了，太阳出来了。艾莉看到罗西站在绳球场，等待训练开始。艾莉走到罗西的身边。

艾莉问罗西："你准备好了吗？"

"是的！你来得正是时候！"

负责安排孩子们课间活动的玛丽老师正在拟定赛程，并询问球队的名字。

"我们叫旋风队如何？"罗西提议道。艾莉

喜欢这个名字。

不一会儿，罗西和艾莉就赢下了前几场的比赛，旋风队成了大家羡慕的球队。她们配合得特别好。罗西个子高，她站在艾莉身后去打较高的球，艾莉则负责较低的球。这种合作方式让她们赢了一次又一次。玛丽老师宣布："旋风队4比0获胜！"

罗西和艾莉击掌庆祝，她们玩得很开心。

当她们等待下一场比赛时，萨姆、杰克和其他几位同学走了过来。

杰克说："我们的垒球队还需要两名球员。你们可以加入吗？"

"不，我们正在备战绳球联赛呢！"罗西解释道。

"是啊，抱歉。"艾莉感觉很糟糕，因为杰克看上去很失望。

萨姆对艾莉说："但是我们找不到其他人和

我们一起玩。"这让艾莉感觉更糟糕，好像她做错了什么事情。她想，也许应该和他们一起打垒球。她感觉左右为难。

下一场比赛，罗西和艾莉组成的旋风队对阵汤米和比利组成的棒球男孩队。因为艾莉心烦意乱，旋风队丢了好几个球。最后，她们输掉了比赛。

"我们练习得不错！"罗西说，"我们去吃午餐吧！"

"好的。我想知道杰克他们是不是在生我们的气。"艾莉问道。

罗西不明白，问道："他们为什么要生我们的气？"

"因为我们没跟他们一起打垒球。他们队还需要两名球员。"

"我们要练习绳球，没时间陪他们打垒球。我相信他们会明白的。你不用放在心上。"

艾莉还是有点担心，她心情有点低落。

在食堂，艾莉吃不下午餐。她心里想："杰克可能认为我是一个坏朋友……也许我真的是。"她想象朋友们肯定对她很失望。她感觉很沮丧，和上次她邀请苏去骑自行车而冷落萨姆后的感觉一样。她有点想哭。

罗西注意到了艾莉的异常，说道："艾莉，你还没吃比萨呢。"罗西走到艾莉身边，抱了抱她，温柔地说："一切都会好起来的。"

罗西看起来平静又自信，一点也不焦虑。艾莉希望自己也能像罗西一样。

"我们的事情和他们的一样重要，艾莉，"罗西说，"这没有任何问题。"

"确实如此。"艾莉想。"那我为什么感觉如此糟糕呢？"她想不通。

"你知道的，"罗西补充道，"你不可能讨好所有人。"

＊　　　＊　　　＊　　　＊

艾莉放学回到家，她拿出了她的新水彩颜料，问道："妈妈，你能和我一起画画吗？"

"当然可以，但我以为我们周六可以一起画画。"

"我改了我们周六的计划了，我会和萨姆一起去游泳……如果她不生我气的话。"

"她为什么要生你气？"艾莉的妈妈不解地问道。

"因为我没有跟她和杰克打垒球。"艾莉把课间休息时发生的事情告诉了妈妈。

妈妈听后问道："好吧，当你的朋友不去做你希望他们做的事情时，你感觉如何？"

"我可能会感到失望，但是……"艾莉一边想一边降低了音量。

"但是，什么呢？"

"但是，没关系，"她意识到，"他们仍然是我的朋友。"

"要是换作是你，你不去做这些事情，情况也是一样的。我们有时会感到失望，但这并不意味着别人做错了什么。这不是任何人的错。"

艾莉觉得妈妈说得对，但她不知道杰克和萨姆是否会同意这个观点。

"你也可以去打垒球，"妈妈说，"但你和罗西玩得正开心，而且你们互相依赖，这很重要。"

艾莉可没有这样想过。她一直不觉得自己的计划和朋友的一样重要。她想到了她和妈妈一起制订的计划。她想知道妈妈是否会因为她取消计划而感到失望。

"妈妈，你也会依赖我吗?"

"当然会了，我很期待和你一起玩。"

"对不起。"艾莉感觉很糟糕。

"没关系。我们可以下周六再去博物馆!"

艾莉松了一口气，说:"谢谢妈妈。"

"不客气，宝贝。现在我们来画画吧。"艾莉的妈妈是一位艺术家，以前教过艾莉怎么用油画棒、丙烯画画，现在准备教她用水彩画画。"我们用水调节颜色的深浅，"她解释道，"就像这样。"她用画笔蘸上粉红色颜料，画出玫瑰花的轮廓。"试一试，看看你想画什么。"

当艾莉正在考虑画什么时，她接到了萨姆的电话。萨姆说："艾莉，我现在真的需要你的帮助，你能来我家帮我做数学作业吗？"

艾莉意识到，萨姆并没有生她的气。她长长地舒了一口气，说："当然可以。今天很抱歉，其实我也不是特别喜欢绳球。"她知道绳球不是萨姆最喜欢的运动，她想让萨姆感觉好一点……最重要的是，她希望萨姆依然喜欢她。

"呵呵，没关系，我不生气了。"

"这是我补偿她的机会。"艾莉想。但随后她想起自己正在做一件重要的事情。"你能等一个小时吗？"

"不行，我一会儿就要去参加足球训练了。

我现在真的需要你的帮助。拜托拜托！"

艾莉想说"我这会儿不方便"，或者"我现在不能过去"，但萨姆不再为上次的事情生气了，这让她松了一口气。她回答道："我马上过来。"

萨姆听到这个消息很高兴，说："谢谢你，艾莉。要是没有你，我真不知道该怎么办。"

艾莉因为她让萨姆开心而高兴，但同时因为自己不能继续画画而感到沮丧，并因为自己再次取消和妈妈的计划而感到失望。

"妈妈，我得走了。萨姆需要我帮她完成数学作业。"

"你为什么不等我们画完再走呢？"

"因为她马上要参加足球训练了！"艾莉的音量比往常高了一些。她感到沮丧和愤怒……主要是生自己的气。

"好吧！不过，今天晚些时候，我就不能

和你一起画画了。"妈妈解释说，"我还要忙别的事。"

当艾莉收起画笔时，她看到妈妈画完了玫瑰。她用深浅度不同的粉色画出了漂亮的花瓣。艾莉感到一阵悲伤和遗憾袭来。她多希望自己当时对萨姆说了"不"。她最想和妈妈一起画画了，其他事都比不了。

第三章

夹克的故事

当艾莉从萨姆家回到自己家时，她发现爸爸正在车库里收拾工具。他刚做了一把摇椅。空气中弥漫着新鲜木材的气味，地板上都是锯末。

"我认为这是我迄今为止最好的作品！"他说，"快去坐坐吧！"

艾莉坐在椅子上，轻轻摇晃着。她同意爸爸的说法，这是一把很不错的摇椅。

"还需要给它上色。我晚些时候再去五金店买一些油漆。现在我要打扫一下这里，然后去准备晚餐。我们一会儿吃意大利面好吗？"

大多数时候，艾莉都会喜欢爸爸的提议。但这次不一样，她感觉不太饿。她耸了耸肩，说："我都行！"

"你还好吗？"爸爸知道她非常喜欢意大利面，"发生什么事了？"

"我今天不太开心。"她告诉爸爸今天发生的一切，从早上坐校车换座位开始，说到课间休息时她担心杰克和萨姆会生她的气，最后说到她错过了和妈妈一起画画的机会。

爸爸一边扫地一边听着，然后说："这太糟糕了。你知道的，你不必勉强做这些事情。"

"我知道，但萨姆真的希望我这么做。我有时很容易顺从别人。"

爸爸注意到，让萨姆或其他任何人失望，

这确实会让艾莉感到不安。他说:"你不可能讨好所有人,我的孩子。没有人可以做到这一点。走,我们做饭去吧!"

当他们在厨房里切辣椒和洋葱准备做意大利面的肉酱时,爸爸说:"你今天的经历让我想起了蓝色夹克的故事。它特别漂亮,上面的纽扣色泽明亮。"

艾莉有些好奇,问道:"发生什么事了?"

"嗯,这件夹克叫珍娜。她是一件适合春天穿的衣服。但到了下雨天,她就变成了银色

的雨衣，帮助朋友们免受雨水的侵袭。到了刮风天，她就变成了轻便的风衣。到了寒冷的冬日，她就变成了厚重温暖的外套。如果某位朋友觉得她太窄了，她就会伸展自己，为朋友提供更大的空间。如果某位朋友认为她太宽了，她就会缩小自己，让她的朋友穿上更合适。"

"她好棒啊！"艾莉说，"听起来她像是一位不错的朋友。"

"她想做每个人的好朋友，但珍娜就是不高兴。"

"她为什么不高兴呢？"

"因为她已经精疲力尽了。满足每一个人的需求让她很辛苦。"

"哦。"艾莉明白了。

"有一天，一位好朋友需要珍娜变回她本来的样子。"

"有着闪亮的纽扣，蓝色的，特别漂亮。"

艾莉笑了，"她终于做回了自己。"

"是的。她的朋友并没有要求别的事情。所以打从那时起，她就只做……自己了。"

艾莉喜欢这个故事。她接着问道："但如果有朋友想珍娜变成紫色、粉色或其他颜色怎么办？"

"嗯，那她不一定要改变。保持她原本的蓝色就足够了。"

"是啊，但是如果朋友们不再喜欢她了怎么办？"这是艾莉最担心的。

"尽管被人喜欢的感觉很好，但珍娜更愿意做自己，而且她有一些朋友喜欢她原本的样子。"

这让艾莉有些惊讶。珍娜看来很勇敢。

"当我们做事只为了让别人喜欢我们，只为了让别人快乐，或者只为了讨好别人时，我们真的就不再是我们自己了。"

艾莉想到，当她想说"不"时，实际上却说了"是"。她真的喜欢绳球，但她告诉萨姆她不喜欢绳球。艾莉还想到，为了维护友谊，她不得不同意朋友的观点。她这么做只是因为担心她的朋友们会感到失望。这感觉不太好！这感觉不对！

"你不必让所有人快乐，艾莉。相反，你只要做自己，这就足够了。"

艾莉问道："即便我会让其他人如杰克和萨姆失望吗？"

"是的，即便如此。我们本来时不时都会感到失望。"

艾莉记得他们并没有因为一件事失望太久。于是她说道："爸爸，我很高兴我没有去打垒球，因为罗西和我玩得很开心。我们互相依赖。我喜欢罗西。"

"我也很高兴。你就是你，艾莉，我认识

的那个纯真的、机灵的、可爱的女孩。拥有喜欢你原本样子的好朋友，这很重要。如果有人因为你没有做他们希望你做的事而生你的气或不喜欢你，那么他们就不是你的朋友。这没关系，因为即使是一件带有闪亮纽扣的蓝色夹克，它也并不适合所有人。"爸爸微笑着说。

做一位不错的朋友意味着做自己。艾莉的心情也好很多了。

第四章

空杯子

"大家准备好了吗？今天我们会做一个古人类调查项目。"艾里斯老师说。全班同学都期盼着这一天，大多数同学都很兴奋。"记得附上相应的图片，描述古人类的使用工具，以及他们创作的艺术品。"老师随后把全班同学分成几个小组。"大家开始吧！今天放学时交项目作业。"

该选一位同学当小组长了。艾莉看了看

小组的成员。她本人善于观察，体谅他人。加布性格外向，爱交朋友，但有时这会影响他做事。艾莉希望今天加布能专心做事，他们今天可要完成很多任务。还有凯尔，他也不错，但有时做事心不在焉，今天就是如此，艾莉希望他已经做好准备可以开工了。小组里还有新生罗西，她还在适应学校的生活。

艾莉主动提议："如果你们同意的话，我可以当小组长。"

"太好了！谢谢！"加布说。有那么一瞬间，艾莉觉得自己像个英雄。

艾莉分配好小组任务后，大家就开始干活了……至少她是这么认为的。可当她休息的时候，她看到罗西正在努力做事，凯尔却在电脑上玩游戏，加布正在和朋友们聊天。她询问了他们的项目进展，发现凯尔甚至还没有开始，加布也没干多少。于是，艾莉开始帮他们干活。

"艾莉，你不必替他们做他们应该做的事情。"罗西看到后说。

"我知道，我只是想帮忙。"话虽这么说，但在内心深处，艾莉知道自己被利用了，这让她很生气，也有些尴尬。当她看着待办事项清单时，她很沮丧，感觉自己像在一艘灌满水的船里一样。

就在这时，艾里斯老师走了过来，她听到了大家的对话。她看向凯尔，大家都开始干活了。艾里斯老师把艾莉拉到一边。

艾莉觉得肚子隐隐有点难受，好像自己做错了什么事情，还被别人发现了。

"对不起！"她说。

"没事的！"艾里斯老师说，"你让我想起了在巧克力餐厅工作的那位忙碌的咖啡师。"

艾莉喜欢去镇上颇受欢迎的巧克力餐厅。

她通常会在那里买冰激凌或加了奶油的热巧克力。

"大家都喜欢那位忙碌的咖啡师。'她一个人把所有事情都做了',顾客们总是这么说。她的确如此。她帮顾客下单,制作美食,还负责店里的清洁工作。她用烤箱烤布朗尼蛋糕的同时,还在准备两种不同的饮品!这对她来说太稀松平常了。她就是这么优秀。

"有一次,一位顾客点了四杯加奶油和糖的咖啡、三杯冰摩卡、两杯热巧克力和一大盒肉桂卷。这位顾客是个好人,无意为难任何人,但他想买这么多的食物。他认为咖啡师能接单,因为她以前总会这样做。于是,咖啡师开始工作了,排队的队伍越来越长……"

这个故事让艾莉肚子更疼了,她说:"她要做的事情太多了。"

"是的,因为她没有寻求帮助。她干得气

喘吁吁的，她累了。她发现自己成了一个空杯子，已经不能为别人提供任何服务了。"

艾莉想到了一个空杯子，本应该装满热巧克力的，可是，它现在空空如也。她能体会咖啡师那时的感受。太疲惫了！艾莉也有同样的感受。"她能请人帮忙吗？"

"好主意！她就是这样做的。她雇了一个人收银，一个人洗碗，一个人制作饮品，一个人烤糕点。一旦每个人都投入并完成各自的工作，事情就不再那么困难了。咖啡师变得更开心了。她的杯子又满了。"

艾莉理顺了头绪。"我被困住了，我为团队其他成员做了大部分的事情。"

艾里斯老师点了点头，说："最好大家一起分担团队任务。"

"但我只是想表现得友善一点。"

"对自己好一点也很重要，对不对？"

艾莉不习惯这样想，但她不得不同意老师的说法。

加布和凯尔向艾莉和艾里斯老师走来。他们看起来有些不好意思。"凯尔和我想对艾莉说对不起，因为我们之前没有为团队做事。我们这会儿开始做事情了。"

"谢谢你们！"艾莉说。

现在他们各司其职，艾莉身上的负担减轻了许多。她感觉轻松多了。她的杯子也满了。

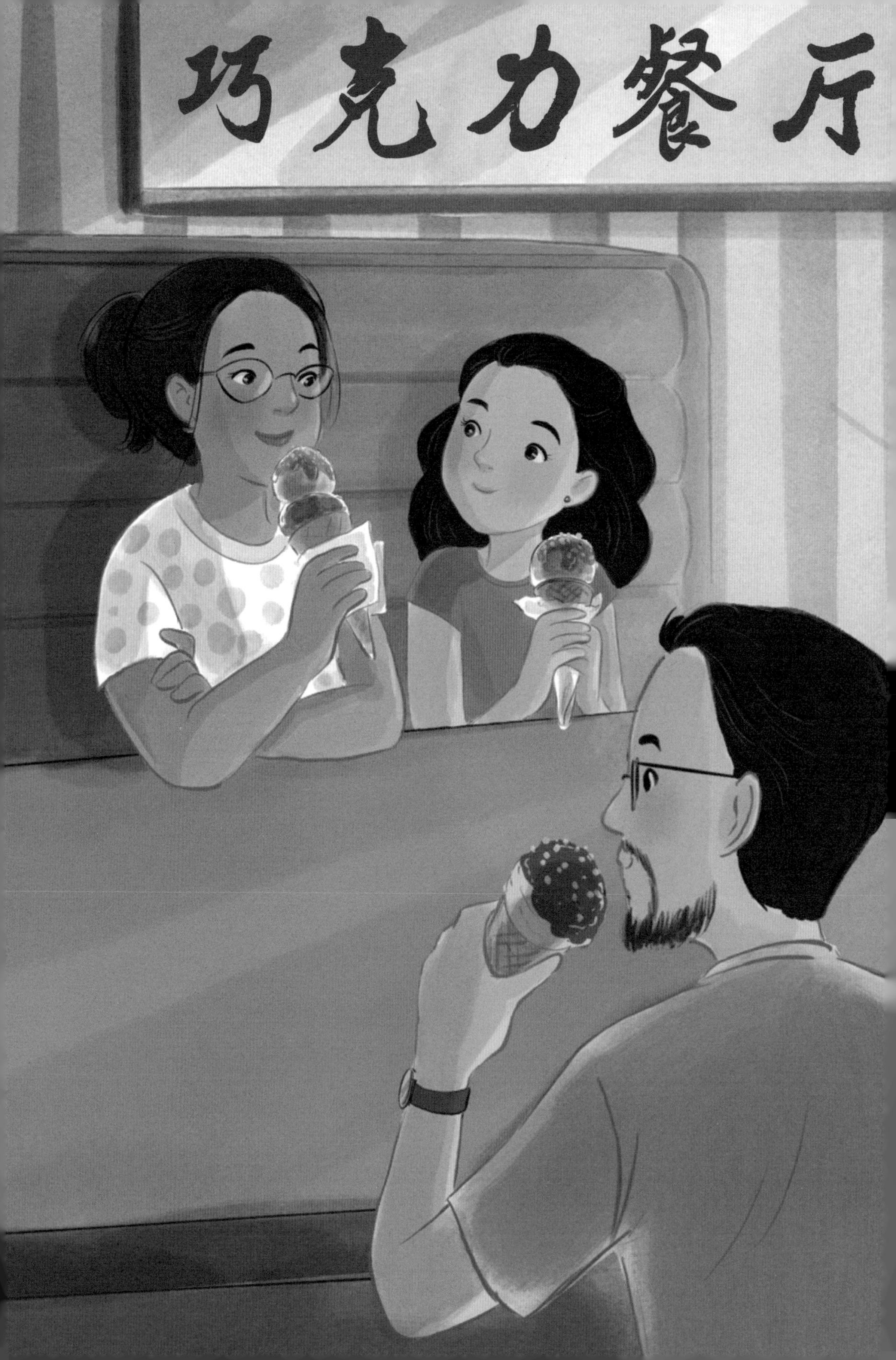
巧克力餐厅

第五章

不需要为别人挑选冰激凌

吃完晚饭后，艾莉和爸爸妈妈去巧克力餐厅买冰激凌。艾莉点了她平常爱吃的黑莓冰激凌，上面淋了花生酱。妈妈点了草莓和巧克力双球冰激凌，上面撒了糖粉。爸爸点了他最喜欢的黄油山核桃冰激凌，上面加了热软糖。他们在餐厅里找到了座位。

艾莉跟爸爸妈妈讲了学校里的项目。"我想替凯尔和加布完成任务，以此来表现我的友善，但这是一个坏主意。"艾莉承认，"我想让他们开心，但我感觉内心不安，因为这不是我的事情。"

妈妈点了点头说："如果我们做事只是为了让别人快乐，那就意味着我们得对他们的感受负责。"

这对艾莉来说是一个分析事情的新角度。"我不需要对他们做事情时的感受负责。这不可能！"

爸爸妈妈表示同意。

"没有人需要对我的感受负责，就像不会有人为我挑选冰激凌口味一样。这应该是我自己的事情。"

"这观点真好！"爸爸说。

"我的意思是，要是他们帮我选了黄油山核桃味怎么办？"艾莉做了个鬼脸。

爸爸笑了，说："不过，这可是我最喜欢的口味！但我同意你的观点，我也不希望别人来替我挑选冰激凌口味。这是我的事情。"

艾莉继续说道："这就像在绳球比赛中越线去替搭档打球，可那是他的事情。"

妈妈点了点头表示同意。

艾莉想象自己在比赛中霸占了罗西的球，于是咯咯地笑起来。

"这就像我帮校车司机开车去学校一样。"爸爸说。

"或者帮艾里斯老师上课。"妈妈补充道。

这下他们都咯咯地笑了。

艾莉清楚地认识到，这样做事没有意义，因为里面的人越界了。难怪当她试图讨好别人时，她通常会感到沮丧、失望、担心和内疚。难怪她会问："我做错什么了吗？她在生我的气吗？我是不是一个坏朋友？"要是她这样越界去讨好别人的话，她相当于在为他们挑选冰激凌口味，但这并不是她的事情。

"我可以提醒凯尔和加布，他们很快就需要交作业了。这并没有越界。"艾莉意识到这一点。

"是的，这样也很友善。"妈妈点了点头说。

"如果他们依然没有完成他们的任务，那么我就只能不等他们，先把其他人的项目成果交给老师了。"

"有道理。"爸爸说。

艾莉宣布："我要辞掉这份讨好别人的工作！"

"你的辞职被接受了！"妈妈开玩笑说。

艾莉问道："那么，我的工作是什么？"然后她想起了那件名叫珍娜的夹克。"等一等，我知道了，我的工作就是做我自己。"

"并选择接受你原本样子的朋友。"爸爸补充道。

艾莉长长地松了一口气。

第六章

完全可以说"不"

吃完冰激凌后，艾莉想到了另一个棘手的问题。当她为自己挺身而出，想说出"不"时，她说不出口。因此，她通常会说"是"，或者完全逃避回答。一旦她逃避，这通常会给别人带来困惑。她记得萨姆周一邀请她周六一起去游泳，她直到周四才给萨姆确切的回答。这对萨姆不公平。

"妈妈，有时我感觉自己陷入了困境，"她

说，"我很难说出'不'。就像萨姆邀请我去游泳时，我早已和你制订好周六的计划了。"

妈妈理解这种感觉，她说："当我觉得困难的时候，我会深吸一口气，提醒自己可以说'不'。让我们练习一下吧！假装你是萨姆，我就是你。"

艾莉喜欢这个主意。扮演萨姆会很有趣。

艾莉说："艾莉，你这个周末能来游泳吗？"

妈妈回答道："这听起来很有趣，萨姆，但我已经和妈妈有别的安排了。也许我们可以下次再约。"

艾莉喜欢妈妈的回答方式。她无须过多解释自己的想法，而且这样的回答听起来一点也不刻薄。她希望能够清楚地表达自己的想法。于是，她开始练习说这句话，"这听起来很有趣，萨姆，但我已经和妈妈有别的安排了"。

"做得好！"妈妈肯定道。爸爸也点头表示

同意。

艾莉注意到，说出自己真实想法的感觉真好，心情也很舒畅。

"我们换个场景试试吧！"妈妈说。艾莉的爸爸还在吃冰激凌，所以她们还有一些时间。

艾莉想起萨姆有一次希望她在校车上换座位，所以她对妈妈说："假装我们在校车上，我是萨姆，我说，'艾莉，快过来和我一起坐'。"

"好吧，让我想一想……你可以这样回应，'不好意思，我已经和某位朋友一起坐了。但萨姆，我晚些时候再跟你聊天'。"

"妈妈，萨姆会这样回应的，'拜托拜托，艾莉'。你知道的，她有时会咄咄逼人。"

就在这时，妈妈身体前倾，假装正在和爸爸说话。

艾莉立即明白妈妈在做什么了。

"我不需要再做回应了。"妈妈解释道，"萨姆得自己决定是否接受我的回答。"

"但如果萨姆不开心怎么办?"艾莉问道,"或者她觉得我是一个坏朋友,那我该怎么办?这就是我换座位的原因。"

"这听起来像是你在为萨姆挑选冰激凌口味。"爸爸指出了这一点,"你真的无法控制萨姆的想法或感受,不是吗?"

"不能,除非我屈服并按照她的意愿去做。"但艾莉知道这是不可能的。

不过,艾莉依然很担心,说道:"这真的很难做到!"

"没关系。困难的事情需要不断练习。"妈妈向她保证,"就像学习绘画或一项新运动,练习后才有进步。"

艾莉知道为自己挺身而出是正确的做法,"并不需要担心其他人的反应"也是正确的想法,但她需要一些时间来接受。她想起了那件叫珍娜的夹克，她想知道自己是否也可以如此勇敢地做自己。艾莉觉得自己应该可以的，在好好做自己的同时，善待她的朋友。

最后，妈妈说："我们回家试试新的水彩颜料吧！"

艾莉太开心了。

*　　*　　*　　*

当他们回到家时，艾莉接到了萨姆的电话。"你好，艾莉。你能过来吗？我爸爸正在生火，我们准备做巧克力棉花糖夹心饼。"

艾莉停止了画画，这听起来很有趣。但她更愿意和妈妈一起画画，妈妈也愿意和她在一起呢。

她想起上次她想对萨姆说"不"时却说出了"是"，以及此后她产生的所有不愉快的感

　　觉。这一次，她要勇敢地告诉萨姆真相。她开始说话了："也许吧……"

　　艾莉停了下来。这样的回应并不清晰，也不是她和妈妈一起练习过的方式。"我的意思是……"她深吸了一口气，鼓起勇气说道，"……这听起来很有趣，萨姆，但我现在不能过去。"

"为什么不能？"

艾莉听出了萨姆声音中的失望。有一瞬间，她脑海里又浮现出和以前一样的想法："我不友善。萨姆会对我失望的。萨姆不会再喜欢我了。"她甚至感到有些愧疚和紧张。然后她想起了看待事情的新角度："我的事情也很重要！萨姆是我的好朋友，她会明白的！"

她深吸了一口气，自信地说："我和妈妈已经有安排了。"

"哦！"萨姆说，"那你在做什么呢？"

"我们正在画画。"

"好的。玩得开心，艾莉！"

"谢谢，萨姆！"

挂断电话后，艾莉松了一口气，同时还有一些惊讶。为自己说话的感觉真好！她感到自信且轻松，那些沉重的感觉不再压着她了。她还注意到了另一件事，当她说出自己真正的想法时，萨姆并没有试图改变她的想法。

"谁打电话来了？"妈妈问。

"是萨姆。她邀请我去她家，但我说了'不'，并告诉她我和你已经有安排了。"

妈妈为艾莉能够说出自己的真实想法感到自豪。艾莉也一样。

"我认为她有点失望，但她并没有试图改变我的想法。"

"放宽心，我们每个人都会有失望的时候，但我们不会一直失望。"

艾莉为自己和妈妈做了正确的事，而且对萨姆很诚实。萨姆可以决定自己的感受，这很公平。艾莉此刻的感觉很好。

艾莉开始画蝴蝶了。"呀，这比看起来更难！"艾莉说。

"就像其他事情一样，经过几次练习后，"妈妈说，"你就会掌握窍门的。"

经过多番尝试，艾莉终于画出了一只长着紫色翅膀的美丽蝴蝶。

第七章

不必内疚

艾莉跳上校车，看到罗西独自坐着，于是她走过去问道："早上好，罗西，我可以和你一起坐吗？"

"当然了！"罗西微笑着，往里坐了坐。

"罗西，下周的绳球比赛，你能做我的搭档吗？"艾莉问道。

"抱歉啊，我不能。我和凯琳已经约好了，我们组成搭档。"罗西解释道。凯琳与她们同一年级，但在不同的班级。

艾莉有些失望，但她能理解，于是她回答道："好的。"

"下次我们一起搭档好吗？"罗西问道。几个月后还会有另一场绳球比赛。

"没问题！"艾莉注意到罗西关心她的感受，但罗西似乎并不会因为说"不"而感到内疚，她希望艾莉能够理解。

艾莉确实能理解："罗西让我掌控自己的想法，选择自己喜欢的冰激凌口味，这是公平的。"

校车到了下一站，艾玛跳上了车。她看到了罗西，喊道："罗西，我这里还有一个座位，你过来吧！"

罗西转过身来说："早上好，艾玛！我已经和艾莉一起坐了，我晚些时候找你聊天啊！"

艾莉觉得艾玛看起来很失望，这让她感觉有些不舒服，就像她做错了什么一样。于是艾

莉说道："罗西，如果你需要换座位的话，没关系的。"

"我不需要换。我已经和你坐在一起了。艾玛会理解的。"

"但我觉得她看起来很失望。"

"可是，如果我换座位了，那么你可能会失望，我可能也会失望。"

"这是一个很好的观点。我想你不可能让

所有人都满意。"艾莉说。

艾莉注意到，尽管罗西对她的朋友很好，但她并不总会按照朋友的要求做事，她做她认为正确的事情。罗西期待她的朋友们也这样。成为罗西的朋友真好，艾莉觉得很有安全感。

艾莉说："谢谢你，罗西。我很高兴你没有换座位。"

"我也是。"

然后艾莉补充道："我真希望那天我没有换座位。"

"哦，没关系。我真的不介意。"

"谢谢你，罗西，但我当时怕引发不快就直接换了座位。"艾莉承认道。在她内心深处，她知道自己下次会更加勇敢。

大家沉默地坐了一会儿。

然后罗西说："艾莉，你有没有注意到汤米和比利玩绳球也很厉害？"

"是的!'棒球男孩'非常棒。我们必须为下一场比赛制订策略,当我们……我的意思是,当我们组成绳球旋风队且要跟他们打比赛的时候。"艾莉说。

大家在接下来的上学路上讨论了比赛时会用到的策略。

第八章

做正确的事，
而不是讨好别人的事

艾莉和爸爸一起去五金店，为他的摇椅买些油漆。一位老人一只手提着一大桶油漆，另一只手拿着两把大刷子。他看起来很吃力。爸爸主动跑去帮老人把油漆搬到收银台。艾莉主动帮忙拿刷子。老人非常感激。

"最近我的后背一直疼痛，让我很难受。"他说，"我需要去买一辆手推车。"

"我们很乐意帮您。"爸爸说。老人付完钱

后，他们跟他挥手告别，然后在店里寻找他们需要的油漆。

艾莉发现帮助老人后，她的心情非常好。"为什么这与试图讨好别人的感觉不一样？"她问爸爸。

"让我们仔细想一想……我们帮助了他，因为他有需要，而我们也有能力帮忙。善待他人也会让我们收获更多的快乐和满足。"

艾莉同意。的确如此。"我们帮助他，并不是像夹克珍娜那样为了让对方喜欢我们。"

"没错。"

"我们帮助他，不仅仅是为了让他快乐。我们并没有帮他决定他自己的感觉，或者帮他挑选冰激凌的口味。"艾莉笑了。

"是的。我们帮助他，因为这是正确的事情。做正确的事情会让我们的心情变得更好。"

艾莉非常同意爸爸的话，她能理解两者的

差别。"这就像你平日里帮助奶奶，或者妈妈在老年中心做志愿者教艺术。"

"是的，我们这样做是因为回馈他人的感觉很好，而且你妈妈也喜欢教艺术，认为教艺术很有趣。"

"如果她不再觉得有趣了，那怎么办？"艾莉想知道。

"那她会做一些别的事情。"

艾莉很高兴听到妈妈也能照顾好她自己。"如果有人不喜欢妈妈的艺术课，她会不高兴吗？"她问爸爸。

"不会的，要是发生这种事，那也没关系。事实上，这种事过去也发生过，将来也会发生。要知道，你妈妈的满足感来源于为他人提供学习新事物的机会，而并非来源于他们是否喜欢这些新事物。如果他们确实喜欢这些新事物，这就是锦上添花了。"

艾莉的妈妈和爸爸做事情，并不是为了讨好别人或只为了让别人感到快乐。他们做他们觉得正确的事情，忠于自己感觉的事情。罗西也一样。艾莉记得，罗西有一次拥抱了她，让她感觉好一点。还有一次，罗西并没有因为艾玛的要求，就在校车上换座位。而且罗西真的很关心艾莉。艾莉决定了，罗西是一个好朋友，她要向罗西学习。

第九章

一生的朋友

"早餐准备好了！"妈妈叫道。

艾莉抓起背包，跑到厨房的餐桌旁。

校车15分钟后就要到了。

"今天有绳球比赛！好期待！"艾莉一边吃着鸡蛋，一边告诉妈妈。

"听起来很有趣！"妈妈说，"谁会是你的搭档？"

"我还没找到呢。"比赛当天总会有人要加

入，所以艾莉并不担心找不到搭档。

但艾莉确实也有担心的事情："萨姆可能希望我和她一起打垒球。"

"那你打算怎么办呢？"

"我想我可以邀请她玩绳球。"

"好主意。"

"她可能不愿意，但……那是她的决定。"

妈妈同意。

"我得走了！"艾莉抓起背包，跑出门去赶校车。

"玩得开心！"妈妈在她身后喊道。

*　　　*　　　*　　　*

课间休息时，艾莉看到绳球场边聚集了一群人，于是她走了过去。

就在这时，萨姆跑过来说："来吧，我们来

打垒球吧！我们还缺两名球员！"

艾莉很尴尬，但这感觉只持续了几秒钟。她想说"我考虑一下"，但这只会让萨姆感到疑惑，这对萨姆不公平。此外，如果她真这么说，萨姆很可能试图说服她去打垒球。她曾想过屈服去打垒球，只为了让萨姆开心。但她知道如果她这样做，她最终会对自己感到失望，只会觉得沮丧。

所以，艾莉选择告诉萨姆真相："这听起来很有趣，萨姆，但我今天要参加绳球比赛。我真的很期待。"

"我以为你不喜欢绳球。"萨姆听了艾莉的话后很惊讶。

艾莉因为曾告诉萨姆她不喜欢绳球而感到内疚，她实际上很喜欢。"实际上，我喜欢绳球和垒球。不过今天是绳球比赛，所以如果你愿意的话，你也可以打绳球。"艾莉说道。

艾莉准备走回举办绳球比赛的场地。艾莉觉得萨姆是个好朋友，她可以决定自己的感受。

萨姆思考了几秒钟，说："等等我，艾莉！我也想玩绳球！"

"太好了！"艾莉说。

"你愿意成为我的搭档吗？"萨姆问道。

"当然了！我正需要一个搭档。"

"来得正是时候！"正在最后修改赛程的玛丽老师问道，"你们的队伍叫什么名字？"

她俩苦苦思索。"叫'一生的朋友'如何？"艾莉提议道。

"我喜欢！'一生的朋友'这个名字好！"萨姆把队名告诉了玛丽老师。

比赛开始了。大家热情高涨，空气中弥漫着兴奋的味道。每个人都知道，他们要击败汤米和比利的球队。

玛丽老师宣布："第一场比赛，棒球男孩队对阵蓝钻石队。"蓝钻石队是男女混合队。玛丽老师吹响了哨子，比赛开始了。

艾莉觉得很高兴。她意识到，她在做自己，同时对别人友善，这感觉很好。这是正确的事情。

她在人群中看到罗西和凯琳站在一起，向她挥手。罗西笑容满面。罗西是喜欢艾莉原本样子的朋友，这很特别。艾莉想："罗西也是我一生的朋友。"

著者介绍

[美]埃伦·弗拉纳根·彭斯（Ellen Flanagan Burns）

童书作家，学校心理学家。她致力于帮助孩子克服焦虑，为很多焦虑的孩子做过心理咨询。在她看来，童书可以成为帮助孩子克服焦虑的有力工具。她还著有《我敢举手回答问题了》《完美的莎莉》。

绘者介绍

[美]特蕾西·西村·毕肖普（Tracy Nishimura Bishop）

儿童图书插画家，曾为20多本图画书绘制了插图。她自幼喜爱绘画，喜欢用插图来讲故事。她毕业于圣何塞州立大学平面设计专业，研究方向为插画和动画。